BEI GRIN MACHT SICH IHR WISSEN BEZAHLT

- Wir veröffentlichen Ihre Hausarbeit,
  Bachelor- und Masterarbeit

- Ihr eigenes eBook und Buch -
  weltweit in allen wichtigen Shops

- Verdienen Sie an jedem Verkauf

Jetzt bei www.GRIN.com hochladen
und kostenlos publizieren

Bibliografische Information der Deutschen Nationalbibliothek:

Die Deutsche Bibliothek verzeichnet diese Publikation in der Deutschen National-
bibliografie; detaillierte bibliografische Daten sind im Internet über http://dnb.d-
nb.de/ abrufbar.

Impressum:

Copyright © 2014 GRIN Verlag, Open Publishing GmbH
Druck und Bindung: Books on Demand GmbH, Norderstedt Germany
ISBN: 978-3-668-15829-0

Dieses Buch bei GRIN:

http://www.grin.com/de/e-book/315186/die-koerpersprache-des-hundes-5-klasse-
gesamtschule

Astrid-Maria Gerhardt

Die Körpersprache des Hundes (5. Klasse, Gesamtschule)

Unterrichtsvorbereitung zum Thema Haustiere

GRIN Verlag

Studienseminar für GHRF in ...	
Fachmodul: Biologie	
Ausbilder: xx	

Astrid-Maria Gerhardt

Straße___________

Wohnort_________

Tel.:____________

LiV an der ___________________

Straße: ____________________

Ort der Schule:_______________

Tel.: _____________________

verkürzte Unterrichtsvorbereitung

im Fachmodul MBB Biologie

Thema der Unterrichtseinheit:

Menschen halten Haustiere

Thema der Unterrichtsstunde:

Die Körpersprache der Hunde

Klasse:	5R
Raum:	xx
Datum:	20.05.2014
Zeit:	09.20–10.05 Uhr
Schulleiter:	xx
Mentorin:	xy

Inhalt

1 Zentrales Anliegen der Stunde 1

2 Stellung der Stunde in der Einheit 2

3 Bedingungsanalyse 3

   3.1 Institutionelle Bedingungen in Bezug auf die Stunde 3

   3.2 Beschreibung der Lerngruppe 3

      3.2.1 Lernvoraussetzungen der Lerngruppe in Bezug auf die Stunde 5

4 Überblick über den Verlauf der Stunde 6

5 Literatur 8

6 Anhang 9

1   Zentrales Anliegen der Stunde

Die SuS lernen die Körpersprache des Hundes kennen, indem sie anhand ausgewählter Körpermerkmale diese durch handlungsorientiertes und partiell selbstgesteuertes Lernen einem bestimmten Gemütszustand zuordnen können. Dabei erweitern die SuS ihre Kompetenzen im Bereich der Erkenntnisgewinnung und Kommunikation und festigen ihre Sozialkompetenz.

Die Kompetenzzuwächse werden in dieser Stunde insbesondere gefördert, indem sie…

- aus einem visuellen Impuls eine Problemfrage entwickeln.

- Lesestrategien nutzen, um aus einem schriftlichen Text ausgewählte Merkmale und Eigenschaften bezüglich der Körpersprache des Hundes zu erkennen und im Anschluss einem spezifischen Gemütszustand zuordnen.

- durch genaue Betrachtung von Bildern die Körpersprache des Hundes beschreiben und einem spezifischen Gemütszustand zuordnen. Dabei erarbeiten sie partiell die Lösungen selbstständig.

- mittels kooperativer und respektvoller Zusammenarbeit produktive Lösungen entwickeln, Gedanken und Ideen austauschen und Teamfähigkeit entwickeln.

- ihre Ergebnisse in fachgemäßer Sprache und nachvollziehbar den SuS präsentieren.

2 Stellung der Stunde in der Einheit

<u>Menschen halten Tiere</u>

Stunde	Thema
1-2	Haustiere: Freunde, Partner, Gefährten und Mitbewohner
3-4	In der Urlaubszeit werden viele Tiere ausgesetzt – artgerechte Pflege und Haltung.
5-9	Ich recherchiere und präsentiere: „Mein Lieblingshaustier".
10-11	Mind-Map: Merkmale der Katze
12-13	Mind-Map: Merkmale des Hundes
14	Wir kennen gemeinsame und unterschiedliche Merkmale von Katze und Hund.
15	Die Körpersprache der Hunde
16-17	Wir erkennen Gemeinsamkeiten und Unterschiede in der Körpersprache von Hund und Katze.
18-19	Der Hund ist ein Helfer des Menschen – Hundeberufe.

3 Bedingungsanalyse

3.1 Institutionelle Bedingungen in Bezug auf die Stunde

Die _________ - Schule liegt am Rande der Stadt X und ist eine im Jahre 1971 erbaute, schulformbezogene Gesamtschule, die 2012 als Mint-freundliche Schule ausgezeichnet wurde und bestrebt ist, dieser Bezeichnung auch weiterhin gerecht zu werden. Das Schulgebäude mit seinen hellen Fassaden gliedert sich in eine Haupt- und Realschule als auch in ein modernes Gymnasium mit gymnasialer Oberstufe. Etwa 1.800 Schülerinnen und Schüler[1] besuchen derzeit die Schule. Im Rahmen von Modernisierungsmaßnahmen wurde insbesondere im naturwissenschaftlichen Bereich investiert. Hervorzuheben sind auch die naturwissenschaftlichen Angebote in den Arbeitsgemeinschaften wie z.B. eine Chemie-AG in der Jahrgangsstufe 5 und 6 sowie eine Mechatronik-AG, die in Kooperation mit einem ansässigen Unternehmen arbeitet.

Der Biologieunterricht der Klasse 5R ist 2-stündig pro Woche angelegt und findet montags in der 6. Stunde sowie freitags in der 2. Stunde statt. Unterrichtet wird teils in einem im naturwissenschaftlichen Trakt gelegenen Fachraum sowie im Klassenraum. Da im Klassenraum der 5R kein Whiteboard zur Verfügung steht, wird der Unterricht im Medienraum stattfinden. Dieser Raum ist sehr groß und eignet sich insbesondere auch für Gruppenarbeiten, Präsentationen, Stationsarbeit, Museumsgang und Projektarbeit. Die im Unterricht benötigten digitalen Medien können in der Mediothek ausgeliehen werden.

Als Lehrwerk steht den SuS das Schülerbuch Biologie-Heute, Band 1, aus dem Schrödel-Verlag zur Verfügung. Aufgrund einer anderen Schwerpunktsetzung wird in der vorliegenden Stunde auf den Einsatz des Lehrwerkes verzichtet. Anstelle dessen stehen den SuS Sachtexte, Bilder, Abbildungen, ein Video und Arbeitsblätter zur Verfügung.

3.2 Beschreibung der Lerngruppe

Die Lerngruppe 5R wird im Fach Biologie seit Beginn des 2. Schulhalbjahres von mir eigenverantwortlich unterrichtet. Sie besteht aus 25 SuS im Alter von 11-12 Jahren, davon gehören 10 zum weiblichen Geschlecht und 15 zum männlichen Geschlecht. Das Sozialverhalten der Klasse ermöglicht in der Regel einen lernfördernden Unterricht. Die SuS sind zu mir freundlich. Im Unterricht verhalten sie sich neugierig und aufgeschlossen. Bis

---

[1] Im Folgenden mit SuS abgekürzt

Ende des 1. Halbjahres sind die SuS überwiegend frontal unterrichtet worden. Im Unterricht dominierte das L-S-Gespräch. Beschriftungen von Abbildungen wurden 1:1 aus dem Buch auf ein Arbeitsblatt übertragen. Die Hinführung zum selbstgesteuerten Lernen löste deshalb zunächst Irritationen und Unsicherheiten aus. Wecke ich jedoch das Interesse der SuS, so zeigen sie sich motiviert und arbeiten gewissenhaft. Ihr Arbeitsverhalten und ihre kognitiven Fähigkeiten entsprechen ihrem Entwicklungsstand. Die SuS achten auf ihre Gefühle und Bedürfnisse und lassen sie in den Unterrichtsprozess mit einfließen (Selbstregulierung). Sie sind darum bemüht, ihre persönlichen Geschichten bzw. ihre persönlichen Erfahrungen mit einzubringen. Provokative Äußerungen aber habe ich in der Lerngruppe bisher nicht erfahren.

Zunehmend besser gelingt es, die SuS handlungsorientiert und selbstgesteuert intrinsisch zu motivieren. Dabei bemühen sich auch die schwächeren SuS, Sachtexte und Abbildungen angemessen zu erschließen. Sie haben dennoch Schwierigkeiten, diese ihren Mitschülern und der Lehrkraft mitzuteilen. Im Allgemeinen kommunizieren die SuS sehr lebhaft mit steigendem Niveau. Dies gilt jedoch nicht für die SuS B., A, S, E, Z und T, die sich leicht ablenken lassen, wodurch Unterrichtstörungen entstehen. Mit Hilfe von Ermahnungen können sie sich jedoch wieder an die vereinbarten Gesprächsregeln halten. Zunehmend besser gelingt, dass die SuS ihre Mitschüler besser wahrnehmen. Dadurch können sie untereinander besser kommunizieren und auf die Redebeiträge von anderen SuS eingehen. Zu Beginn des 2. Halbjahres wurden die Mitschüler als Adressaten ihrer Beiträge selten wahrgenommen und überwiegend die Kommunikation mit der Lehrkraft gesucht.

Die SuS können sich in einer Gruppe an die Gesprächsregeln halten und einen Auftrag unter Anleitung übernehmen, lösen und präsentieren, benötigen aber viel Zeit zur Bewältigung ihrer Aufgaben. B, A, S, L und M arbeiten zwar von sich aus, erledigen aber nur das Nötigste. Hinzu benötigen sie Hilfestellungen in Bezug auf kooperatives Verhalten und Teamfähigkeit. M insbesondere leidet an Verhaltensstörungen, die er in unnormalen Gebärden zum Ausdruck bringt und damit die SuS verängstigt. M kann sich nur unter klaren Anweisungen einer Gruppe anschließen, damit Kooperationsprobleme minimiert werden. Trotz seiner Verhaltensauffälligkeiten besitzt M eine überdurchschnittliche Sprach- und Wissenskompetenz.

3.2.1 Lernvoraussetzungen der Lerngruppe in Bezug auf die Stunde

Die Lerngruppe hat in den vorangehenden Stunden grundlegendes Wissen zum Thema „Menschen halten Haustiere" erarbeitet. Dabei zeigten sie sich hochmotiviert in ihren Recherchen über ihr Lieblingshaustier, das sie im Anschluss an ihre eigenständige Erarbeitung der Klasse präsentieren durften. Die vorliegende Stunde „Die Körpersprache der Hunde" dient dazu, die erst in Ansätzen vorhandene Selbstständigkeit der Schüler weiter zu entwickeln. Der Bereich der Erkenntnisgewinnung schafft in der Biologie in vielfältiger Weise die Grundlagen für das eigenständige Arbeiten. Als Erkenntnisweg dient das Betrachten von Verhaltensmerkmalen und Eigenschaften des Hundes (Abbildungen und Bilder), die von den SuS beschrieben und entsprechend einem bestimmten Gemütszustand zugeordnet werden sollen. Ziel soll sein, dass die SuS herangeführt werden, Detailstrukturen zu erfassen und zu beschreiben. Da dieser Erkenntnisweg nur partiell von den SuS geleistet werden kann, erhält ein Teil der SuS als Grundlage der Erarbeitung einen Sachtext. Durch die Vielfalt der Differenzierungen können die SuS eigenständig wählen, mit was sie sich beschäftigen wollen. Es gilt zu berücksichtigen, dass die SuS unterschiedlich ausgeprägte Kompetenzen in Bezug auf Zeitmanagement, Vorwissen, Interesse und Motivation besitzen. Jeder(m) Schülerin und Schüler sollen im Rahmen ihrer/seiner Möglichkeiten durch geeignete Maßnahmen Lernchancen eingeräumt werden. Dies soll durch die Bildung heterogener Gruppen unterstützt werden, um eine Differenzierung aus verschiedenen Perspektiven zu ermöglichen. Die SuS sind es nicht gewohnt, mit dieser gewählten Form der Erkenntnismethode zu arbeiten. Methoden wie das Betrachten, das Beschreiben und das Ordnen von Merkmalen und Eigenschaften sind aber Grundlagen für eine fachgerechte Denk- und Arbeitsweise und sollen deshalb geübt werden. Im Bereich des Erkennens eines alltäglichen Problems und des Formulierens einer wissenschaftlich korrekten Fragestellung ist die Lerngruppe nur ansatzweise geübt.

4 Überblick über den Verlauf der Stunde

Zeit	Phase	Geplanter Unterrichtsverlauf	Didaktisch-methodischer Kommentar	Arbeits- und Sozialform	Medien
3:00´	Einstieg	visueller Impuls: LiV zeigt ein Bild von zwei Hunden mit unterschiedlichen Verhaltensweisen. Hilfsimpulse: „Ich sehe…" „Das Bild sagt mir (zeigt) mir…	Visuell soll das Bild den Zugang zur Problemfrage erleichtern.	L-Aktivität, stummer Impuls, S-Aktivität, L-Aktivität, Frontalunterricht, Plenum	Power-Point-Präsentation, Laptop
3:00´	Hinführung	SuS äußern spontan ihre Eindrücke und Gedanken und stellen Vermutungen an, die sie mit der Darstellung des Bildes verbinden.	Die SuS bringen Alltagerscheinungen mit naturwissenschaftlichen Sachverhalten in Verbindungen. Dabei bringen die SuS eigene Ideen und Vorstellung ein und versuchen die Vorstellungen andere nachzuvollziehen.	SuS-Aktivität, Meldekette, L-S-Gespräch, Frontalunterricht, Plenum	Power-Point-Präsentation, Laptop
2:00´	Problemfrage	Die SuS formulieren eine mögliche Problemfrage: „Wie verhält sich der Hund?" „Wie verständigen sich Hunde?" „Was (Wie) ist die Körpersprache der Hunde?" Erwartete Problemfrage: „Wie ist die Körpersprache der Hunde zu verstehen?" „Was ist die Körpersprache der Hunde?" LiV schreibt die Problemfrage an die Tafel.	Die Formulierung einer Problemfrage ermöglicht eine zielgerichtete Erarbeitung sowie spätere Ergebnissicherung und hilft den SuS, den „roten Faden" der Stunde aufrechtzuerhalten. Mit der Formulierung einer Problemfrage übersetzen die SuS ihre Alltagssprache in die Fachsprache.	SuS-Aktivität L-Aktivität, Frontalunterricht, Plenum	Tafel, Power-Point-Präsentation (Bild)

15:00´- 20:00´	Erarbeitung	Die SuS arbeiten in sechs Gruppen. Zwei Gruppen erhalten als Unterstützung einen Sachtext, beschreiben die wesentlichen Merkmale eines Hundes bezüglich der Rute, der Ohren und üben Aussagen über die Eigenschaften der Körperhaltung zu äußern und ordnen diese einem bestimmten Gemütszustand zu. Vier Gruppen erhalten anstelle des zusätzlichen Sachtextes nur Bilder, Schemata und ein Video-Clip.	Jeder(m) Schülerin und Schüler soll im Rahmen ihrer/seiner Möglichkeiten durch geeignete Maßnahmen Lernchancen eingeräumt werden. Deshalb erfolgt eine Differenzierung aus verschiedenen Perspektiven. Die schwächeren SuS erhalten als unterstützendes Zusatzmaterial einen Sachtext (siehe 3.2.1). Eine weitere Differenzierung ermöglicht, durch Wahlfreiheit bezüglich des Angebotes an Hilfsmittel und Zusatzmaterial, die Selbsttätigkeit der SuS zu fördern (siehe 3.2.1). Die Differenzierungen werden erreicht durch die Bildung heterogener und arbeitsteiliger Gruppen. In Hinblick auf die Erkenntnismethoden sind das genaue Betrachten, das Beschreiben und das Ordnen grundlegende Erkenntniswege. Erst mit zunehmendem Verständnis dieser Wege sind Untersuchungen und Experimente von den Lernenden selbst plan- und durchführbar.	SuS-Aktivität, heterogene, arbeitsteilige Gruppenarbeit	Arbeitsblätter Arbeitsaufträge, Bilder, Laptop mit Kurzvideo, Tippkärtchen
15:00´	Präsentation und Ergebnis-sicherung	Die Gruppen (freiwillig) präsentieren ihre Ergebnisse und fixieren dabei die wichtigsten Merkmale und Eigenschaften auf einem Plakat. LiV verweist auf die Problemfrage und das Bild (visueller Impuls) und bittet die SuS ein Fazit zu ziehen.		SuS-Aktivität, SuS-SuS Gespräch, L-SuS Gespräch L-SuS Gespräch, Frontalunterricht, Plenum	Tafel, Plakat, Bilder, Folientexte
2:00´	Hausaufgabe		Festigung der Arbeitsergebnisse. Sicherung der Arbeitsergebnisse für alle SuS.	Frontalunterricht, Plenum	Arbeitsblatt

5 Literatur

Grzimek, Bernhard (Hrsg.): Grzimeks Tierleben. Enzyklopädie des Tierreichs, Jubiläumsausgabe [in 13 Bänden], Band 12, Säugetiere III, Zürich 1984.

Hessisches Kultusministerium (Hrsg.): Bildungsstandards und Inhaltsfelder. Das neue Kerncurriculum für Hessen, Sekundarstufe 1 – Realschule, Biologie, Wiesbaden(12.06.13).

Kleesattel (Hrsg.); Die Fundgrube für den Biologieunterricht, Das Nachschlagwerk für jeden Tag, 2. Aufl., Berlin 2000.Dobers, Joachim/Freundner-Huneke, Imme/Schulz, Siegfried/Zeeb, Annely; Erlebnis Biologie, Ein Lehr-und Arbeitsbuch, 5./6. Schuljahr, Braunschweig 2007.

Spörhase, Ulrike (Hrsg.; Biologie – Didaktik, Praxisbuch für die Sekundarstufe I und II, 6. Aufl., Berlin 2013.

Stripf, Rainer (Hrsg); Methoden Handbuch Biologie, Band 1, Köln 2006.

Videomaterial:

http://www.planet-wissen.de/natur_technik/haustiere/hunde/,14.05.2014.

6 Anhang

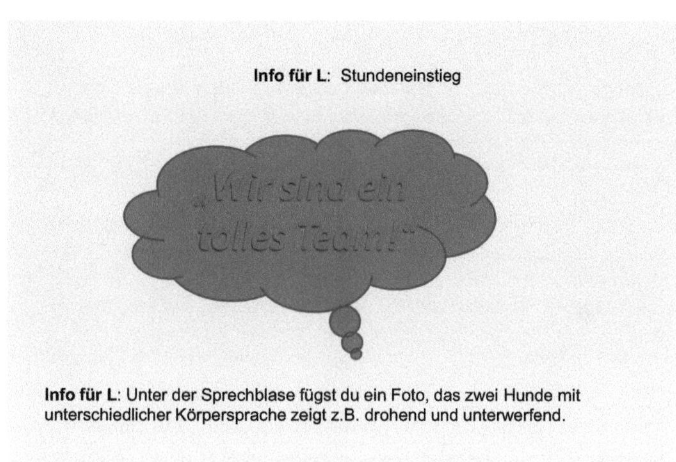

Info für L: Unter der Sprechblase fügst du ein Foto, das zwei Hunde mit unterschiedlicher Körpersprache zeigt z.B. drohend und unterwerfend.

(**Info für L**.: Sachtext für leistungsschwache SuS):

Hier werden die Zähne gezeigt! Der Hund sagt uns:
„Hey, mit mir ist nicht zu spaßen, komm mir nicht näher!"

Der Körper des Hundes verkrampft, besonders die Beinmuskulatur ist angespannt.
Die Rute (1) zeigt steil nach oben, das Fell des Hundes – besonders auf dem Rücken- ist auffallend gesträubt. Der Hund streckt den Kopf weit nach vorne.
Die Ohren zeigen waagrecht nach vorne, sie können aber auch spitz nach oben aufgerichtet sein.
Man hat den Eindruck, als befände sich zwischen den Augen eine dicke Stirnfalte. Der Hund sieht nun wirklich bedrohlich aus, auch die Augen sind jetzt starr. Zuerst ist ein Knurren zu hören, dann folgen heftige Belllaute. Dabei zieht der Hund seine Lefzen (2) weit nach oben. Jetzt sieht man in voller Pracht die Zähne und auch das Zahnfleisch des Hundes.

(1) Rute: Schwanz des Hundes   (2) Lefzen: Lippen des Hundes (Einzahl: Lefze)

Info für L: Hier fügst du Fotos ein wie z.B. ein Hund mit einem weit geöffneten Maul, das die Zähne besonders deutlich zeigt und ein Bild, welches die Schwanzstellung zeigt. Zudem ist es sinnvoll, Karikaturen oder Schemata zu verwenden, die die Körperhaltung wie z.B. Beinstellung, Kopfform, Ohrstellung und Oberkörper... verdeutlichen (Ergebnissicherung: Arbeitsauftrag 1).

Tipp für L: Viele SuS besitzen einen Hund. Du kannst dir vor der Unterrichtsdurchführung Fotos von den Hunden der SuS zeigen lassen. Solltest du brauchbares Material finden, leihe dir die Fotos aus und verwende sie für deine Unterrichtsvorbereitung. Das kann die Motivation der SuS während der Unterrichtsdurchführung steigern.

Aufgaben:

1. **Lese** den Text aufmerksam durch!
2. **Vergleiche** den Text mit den abgebildeten Bildern!
3. **Nenne** ein **Merkmal,** das die **Verhaltensweise** des Hundes **beschreibt!**
4. **Nenne Eigenschaften, die die Körperhaltung,** die **Rute** und die **Ohren beschreiben!**
5. **Schreibe** die Merkmale in die **vorgegebene Tabelle!**

Tabelle zu Arbeitsauftrag 1:

Verhalten	Körperhaltung	Rute	Ohren

Solltet ihr sehr schnell sein, liegen für euch noch Zusatzaufgaben an der Lerntheke bereit!

<u>**Arbeitsauftrag 2**</u>:

Info für L:

Hier fügst du Fotos, Karikaturen und Schemata ein, die die Körpersprache des Hundes zeigen:

ängstlich und unterwerfend

(siehe Ergebnissicherung Arbeitsauftrag 2)

Tipp 1: siehe Arbeitsauftrag 1

Tipp 2: Verweise auf das Lern-Video. Stelle nicht mehr als 2-3 Computer bereit. Achte darauf, dass die SuS sich das Video tatsächlich ansehen und nicht etwas anderes.

<u>Aufgaben</u>:

2. **Betrachte** dir genau die **Bilder!**
3. **Nenne ein Merkmal,** dass die **Verhaltensweise** des Hundes **beschreibt!**
4. **Nenne Eigenschaften,** die die **Körperhaltung**, die **Rute** und die **Ohren** **beschreiben!**
5. **Schreibe** die Merkmale in die **vorgegebene Tabelle!**

Tabelle zu Arbeitsauftrag 2:

Verhalten	Körperhaltung	Rute	Ohren

Wenn ihr die Aufgaben nicht lösen könnt oder unsicher seid, könnt ihr euch Tippkarten an der Lerntheke holen!

Solltet ihr sehr schnell sein, liegen für euch noch Zusatzaufgaben an der Lerntheke bereit!

<u>Arbeitsauftrag 3</u>:

Info für L:

Hier fügst du Fotos, Karikaturen und Schemata ein, die die Körpersprache des Hundes zeigen:

freundlich und spielend

(siehe Ergebnissicherung Arbeitsauftrag 3)

Tipp 1: siehe Arbeitsauftrag 1

Tipp 2: Verweise auf das Lern-Video. Stelle nicht mehr als 2-3 Computer bereit. Achte darauf, dass die SuS sich das Video tatsächlich ansehen und nicht etwas anderes.

<u>Aufgaben</u>:

2. **Betrachte** dir genau die **Bilder!**
3. **Nenne ein Merkmal,** dass die **Verhaltensweise** des Hundes **beschreibt!**
4. **Nenne Eigenschaften,** die die **Körperhaltung,** die **Rute** und die **Ohren** **beschreiben!**
5. **Schreibe** die Merkmale in die **vorgegebene Tabelle!**

Tabelle zu Arbeitsauftrag 3:

Verhalten	Körperhaltung	Rute	Ohren

<u>Arbeitsauftrag 4</u>

(**Info für L:** Zusatzaufgabe):

<u>Aufgabe!</u>

Wenn dich dieser Hund begrüßt, wird er...	Kreuze das **Zutreffende** an!
aggressiv sein.	
freundlich sein.	
ängstlich sein.	
mit dem Schwanz wedeln.	

Tippkarte 1

Video der Website „Planet Wissen"

(http://www.planet-wissen.de/natur_technik/haustiere/hunde)

Tippkarte 2

<u>*Schaut euch die Stellung der Ohren an!*</u>

nach hinten

nach vorne

spitz

eng angelegt

aufgerichtet

Tippkarte 3

> ### *<u>Schaut euch die Körperhaltungen genau an!</u>*
>
> - *Wie ist der Rücken geformt?*
>
> - *Wie ist die Haltung der Vorder- und Hinterbeine?*
>
> - *Wie ist die Blickrichtung des Kopfes?*
>
> - *Betrachtet den Gesichtsausdruck?*

Tippkarte 4

> ### *<u>Schaut euch die Stellung der Rute an!</u>*
>
> *entspannt – nach unten gerichtet – aufgerichtet – waagrecht – zwischen den Beinen – steil - erschlafft*

Tippkarte 5

freundlich

ängstlich

drohend

spielen

aufmerksam

unsicher

aggressiv

Tippkarte 6

Signale:

- *„Ich will spielen!"*
- *„Mit mir ist nicht zu spaßen!"*
- *„Ich fühl mich wohl!"*
- *„Ich bin unsicher!"*
- *„Ich fühle mich unruhig!"*

Ergebnisse zu Arbeitsauftrag 1:

Verhalten	Körperhaltung	Rute	Ohren
drohend, aggressiv	verkrampft, Muskulatur ist angespannt, Rückenhaare gesträubt, Kopf nach vorne gestreckt, Mund weit geöffnet, Zähne sichtbar.	steil nach oben (senkrecht), waagrecht gestreckt.	aufgerichtet, zeigen nach vorne.

Ergebnisse zu Arbeitsauftrag 2:

Verhalten	Körperhaltung	Rute	Ohren
ängstlich, unsicher	macht sich klein, gedrückt, geht in die Hocke, zieht seinen Körper zusammen.	gesenkt, schlaff, zwischen den Hinterbeinen eingeklemmt.	nach hinten ausgerichtet, angelegt.

Ergebnisse zu Arbeitsauftrag 3:

Verhalten	Körperhaltung	Rute	Ohren
Spielverhalten	liebevoller Blick, aufmerksam, , Vorderpfoten liegen auf (Vorderkörpertiefstellung), Hinterbeine leicht gekrümmt, zum Sprung bereit.	wedelt mit dem Schwanz, hängt locker nach hinten.	gespitzt, gerade nach oben.

Ergebnisse zu Arbeitsauftrag 5:

(Info für L: je nach Bildvorlage alternative Lösungen möglich):

Wenn dich dieser Hund begrüßt wird er…	Kreuze das Zutreffende an!
aggressiv sein	
freundlich sein	X
ängstlich sein	
mit dem Schwanz wedeln	X

Arbeitsblatt: Die Körpersprache der Hunde

Aufgabe:

Kreuze in den vorgegebenen Kästchen die richtige Lösung an!

Ist der Hund aggressiv, dann...

Körperhaltung		Rute		Ohren
	Mund geöffnet		hängt locker nach hinten	nach hinten
	gedrückt		waagrecht gestreckt	angelegt
	Vorderpfoten liegen auf		wedelt mit der Rute	gespitzt
	Muskulatur angespannt		steil nach oben	zeigen nach vorne
	Kopf nach vorne gestreckt		gesenkt	aufgerichtet

Ist der Hund freundlich und will spielen, dann...

Körperhaltung		Rute		Ohren
	aufmerksam		senkrecht nach oben	gespitzt
	macht sich klein		wedelt mit dem Schwanz	gerade nach oben
	Vorderpfoten liegen auf		schlaff	zeigen nach vorne
	Rückenhaare gesträubt		zwischen den Hinterbeinen	zeigen nach hinten
	Mund weit geöffnet		hängt locker nach hinten	eng angelegt

Ist der Hund ängstlich, dann...

Körperhaltung		Rute		Ohren
	Mund weit geöffnet		wedelt mit dem Schwanz	nach hinten ausgerichtet
	Zähne gut sichtbar		gesenkt	zeigen nach vorne
	macht sich klein		steil nach oben	gespitzt
	Vorderpfoten liegen auf		zwischen den Hinterbeinen	eng angelegt
	geht in die Hocke		waagrecht gestreckt	gerade nach oben

Zusatzaufgabe: Sammle weitere passende Eigenschaften

Arbeitsblatt (Lösung): Die Körpersprache der Hunde

Aufgabe:

1. Kreuze in den vorgegebenen Kästchen die richtige Lösung an!

Ist der Hund aggressiv, dann…

	Körperhaltung		Rute		Ohren
x	Mund geöffnet		hängt locker nach hinten		nach hinten
	gedrückt	x	waagrecht gestreckt		angelegt
	Vorderpfoten liegen auf		wedelt mit der Rute		gespitzt
x	Muskulatur angespannt	x	steil nach oben	x	zeigen nach vorne
	macht sich klein		gesenkt	x	aufgerichtet

Ist der Hund freundlich und will spielen, dann…

	Körperhaltung		Rute		Ohren
x	aufmerksam		senkrecht nach oben	x	gespitzt
	macht sich klein	x	wedelt mit dem Schwanz	x	gerade nach oben
x	Vorderpfoten liegen auf		schlaff		zeigen nach vorne
	Rückenhaare gesträubt		zwischen den Hinterbeinen		zeigen nach hinten
	Mund weit geöffnet	x	hängt locker nach hinten		eng angelegt

Ist der Hund ängstlich, dann…

	Körperhaltung		Rute		Ohren
	Mund weit geöffnet		wedelt mit dem Schwanz	x	nach hinten ausgerichtet
	Zähne gut sichtbar	x	gesenkt		zeigen nach vorne
x	macht sich klein		steil nach oben		gespitzt
	Vorderpfoten liegen auf	x	zwischen den Hinterbeinen	x	eng angelegt
x	geht in die Hocke		waagrecht gestreckt		gerade nach oben

BEI GRIN MACHT SICH IHR WISSEN BEZAHLT

- Wir veröffentlichen Ihre Hausarbeit, Bachelor- und Masterarbeit

- Ihr eigenes eBook und Buch - weltweit in allen wichtigen Shops

- Verdienen Sie an jedem Verkauf

Jetzt bei www.GRIN.com hochladen und kostenlos publizieren